HUIANKESHANSENLINGONGYUAN

惠安科山森林公园

刘荣成　王长新
惠安县科山森林公园管理处 / 编著

U0321612

中国林业出版社

图书在版编目（CIP）数据

惠安科山森林公园／刘荣成，王长新编著.—北京：中国林业出版社，2009.12
（中国惠安生态文化系列）
ISBN 978-7-5038-5749-2

Ⅰ.惠… Ⅱ.①刘…②王… Ⅲ.森林公园－简介－惠安县 Ⅳ.S759.992.574

中国版本图书馆CIP数据核字（2009）第230463号

惠安科山森林公园

封面题字：赵学敏
出版发行：中国林业出版社
地　　址：北京市西城区德内大街刘海胡同7号（邮编：100009）
电　　话：（010）83224477
电子邮箱：cfphz@public.bta.net.cn
经　　销：新华书店北京发行所
印　　刷：北京佳信达欣艺术印刷有限公司
开　　本：185mm×260mm　1/16
印　　张：6
版　　次：2009年12月第1版　2009年12月第1次印刷
定　　价：60.00元

惠安科山森林公园
编辑委员会

顾　　问：曾玉山　　杨树青

主　　任：刘荣成

副 主 任：郭荣才　　庄福泉　　何素华　　林福庆　　陈永金　　王忠鹏

委　　员：刘继龙　　曾昭澄　　麦秋桂　　陈青霞　　黄远清　　王伟松
　　　　　　杜海阳　　刘建培　　王长新　　刘继强

编　　著：刘荣成　　王长新

撰　　文：刘荣成　　王长新

摄　　影：刘荣成　　李光智

美工设计：李光智

参编人员：刘继强　　杜海阳　　张　毅　　陈诗炜

序

Preface

　　惠安，这块古老而神奇的土地，孕育着千余年的历史沧桑和文化沉淀，是福建省著名的侨乡和台湾同胞的主要祖籍地，素有"石雕之乡"、"建筑之乡"、"渔业强县"之美誉。

　　然而，由于历史上人们对大自然无节制的索取，过去的惠安地瘠人贫，草木难长，沿海风沙侵蚀、山体岩石裸露，被人谑称为"臭头山县"、"地瓜县"。改革开放以来，尤其近年来，随着惠安经济社会各项事业的快速发展，县委、县政府始终牢固树立科学发展观，坚持环境保护和生态建设的基本国策，把建设生态惠安、绿色惠安、和谐惠安放在重要位置。经过多年努力，一批溪流、海堤、山体得到了集中整治，封山育林、非规划林地造林、森林公园建设方兴未艾，黄塘溪、蔗潭溪、林辋溪等重新焕发生机，成为全国水土保持生态环境建设示范县。昔日的荒山秃岭披上了"绿装"，风沙肆虐的大地织上了"绿网"，钢筋水泥鳞次栉比的城区造上了"绿园"，一个"点、线、面"相结合，"乔、灌、草"互搭配的森林生态网络体系基本构成，一座具有特色的现代沿海森林生态城市、"国家园林县城"昂然屹立在海峡西岸。登高望焉，大地峰峦叠翠，水清如许，果繁花茂，一派欣欣向荣！

实践证明，坚持科学发展、倡导绿色生活，共建生态文明关系百万惠安人民的长久福祉。一直以来我们致力于弘扬生态文明，在文化交流交融中谋共识，用文化阐述生态，让生态融入生活，共同建设山清水秀的美好家园，蒙本邑专家学者不辞辛劳，呕心沥血，究乔灌树种，考名木古树，描野鸟水禽，叙湿地红树，写盆景木雕，述乡土旅游，书生态文化，载林业文明，"中国惠安生态文化系列"丛书得以结集出版。这是惠安生态文化建设的一大盛事，谨此致以热烈的祝贺！

欢欣鼓舞，父老同感，爱书数言，以为序。

中共惠安县委员会书记
惠安县人民政府县长

前 言
Foreword

　　惠安地处福建省东南沿海，闽南金三角北部，海峡西岸中部地区。这里，历史悠久，人杰地灵，民风淳朴，是台胞、侨胞的主要祖籍地。惠安县的崇武港是国务院颁布的对台贸易港口，324国道、福厦高速公路和高速铁路、漳泉肖铁路穿境而过，交通四通八达。改革开放以来，惠安经济社会发展迅猛，连续多年荣获全国经济综合实力"百强县"和福建省经济综合实力"十强县"、"十佳县"称号，是著名的"建筑之乡"、"雕刻之乡"，为海峡西岸最具魅力的地区之一。

　　随着经济的发展，社会的进步，人民生活水平的提高，人们走向自然、回归自然的意识日益增强。充分利用森林的旅游资源，发展森林生态旅游已成为时代的潮流。惠安县城的科山（省级）森林公园得天独厚的地理位置，恬静宜人的森林资源，绵延起伏的群山，错落有致的水库，悠久的文化古迹，独特的民族风情，十分适宜人们的森林生态旅游。 为了进一步地推介惠安科山（省级）森林公园，展示惠安县城市生态型、立体式森林旅游，使之融入泉州市生态旅游体系，乃至福建省的生态旅游圈，经过几年来的素材收集、提炼，终于成此书，以飨读者。

本书承蒙国家林业局原副局长赵学敏厚爱，挥毫题词予以鼓励，承蒙中共惠安县委书记、县长林万明拨冗作序，在此一并致谢！由于能力和水平有限，疏忽和不足之处在所难免，敬请读者指正。

编著者

2009年秋

绿色阳光

人类的生存在这里得到思考与昭示　　大自然的恩赐在这里得到浓缩与展现

惠安科山森林公园

目 录
Contents

概况

　　惠安科山（省级）森林公园，位于惠安县城西侧，东面临城，其余三面环山，总面积1133公顷，其中森林面积1020公顷，森林覆盖率达90％。现已建成岚岫广场、天潭广场、石雕名苑、百狮园、惠女广场、莲花塔等建筑精品，锦溪草堂、惠泉瀑布、夕照幡楼构成的水体景观，科山寺、平山寺、一片瓦寺、莲峰寺、魁星庙、卢子读书处、摩崖石刻等历史文化古迹，革命烈士纪念碑、治山治水纪念碑、全民义务植树示范基地等现代教育基地，山、水、林、石融为一体，

层次分明，季相变化明显的人工林和丰富的生物多样性构成的森林景观，有连绵山峰，奇形怪石构成的山石景观。漫步其中，青山绿水，令人流连忘返，是惠安县集旅游、观赏、健身、修学于一体的综合性城市森林公园。

◎科山森林公园山门

森林景观

　　科山森林公园以森林景观为主，公园内大多为人工林，林相整齐，层次分明。针叶林有马尾松林、杉木林，其中幼林林冠整齐的尖锋状如检阅的方阵，甚是壮观。成熟或近熟林分的下枝脱净，透视好，风穿林而过，呼呼作响，显示声浪的韵律。松枝、松针逸出松脂香气和臭氧，具杀菌能力，针叶林中空气含菌量最低。人常于林中漫步，有益身体健康。阔叶林林冠云团状，波状起伏，成林海中的绿浪，是一道绝妙风光；成熟或近熟林分冠下枝叶少，透视性好。炎夏，林内比林外温度明显低，在林中漫步，有悠闲清爽之感；春季盛花，芳香袭人，遥望

森林景观

如团团锦簇，更是美不胜收。

　　森林环境已经形成，吸引各类动物在这里繁衍生息，动物的种类、数量逐渐增多。目前已有各种蛇类、穿山甲、野兔、松鼠、野猪；鸟类那就更多了，有麻雀、灰雀、长尾蓝雀、鹊鸲、猫头鹰、啄木鸟、画眉、三宝鸟、燕子、杜鹃、八哥等，白鹭等也常在此驻足。蜂、蝶类数量较多，特别是春夏盛花季节，这里呈现远闻莺歌声，近看彩蝶舞，微风送幽香，人间胜仙境的美妙情景。

　　治山治水纪念碑旁怒放的洋紫荆花，石雕名苑路边鲜红的刺桐花巷，革命烈士纪念碑前庄严肃穆的塔柏方阵，平山寺前幽香的相思树林，一片瓦寺澎湃的松涛，七一水库如诗如画的大自然山水景色，构成了惠安科山森林公园特有的景观，吸引着无数游客。

◉ 绿波银涛载红帆

⑤ 鲜花如酣

⊕ 松鼠

⊕ 黄嘴白鹭

中国生态文化系列
惠安

ⓤ 莲花山松林中的水鸟

ⓣ 七一水库库边上的水鸟

中国生态文化系列
惠安

◉ 刺桐秋色

◉ 紫荆迎客

森林景观

◉ 春天的刺桐花巷

◈ 红伞烧空

⊕ 幽香的相思树林

⊙ 多情的相思树叶落归根，和着泥土的芬芳飘香

⊙ 庄严肃穆的塔柏

森林步道

　　森林公园是天然氧吧，经常漫步其中，对人体心血管和肺部功能的改善、增强极有益处。科山森林公园已在东侧建成各种类型的林间游步道数十千米，纵横交错，十分便捷。有阔叶林中的游步道，也有针叶林中的游步道，还有针阔混交林中的游步道；有随地形波浪起伏的游步道，也有峰回路转、柳暗花明的游步道，还有湖边亲水景观的游步道，更有直上云天的三百四拾二坎游步道。条条游步道配置的植物各不相同，适合各种人群的健身需要，是最理想的有氧运动项目之一。

⊕森林浴步道区

● 随地形波浪起伏的游步道

⊙ 阔叶林中的游步道　　　　　　　　⊙ 针阔混交林中的游步道

⊙ 峰回路转、柳暗花明的游步道

⊕ 针叶林中的游步道

⊕ 古道倩影（随地形波浪起伏的游步道）

古道倩影（随地形波浪起伏的游步道）

森林步道

⊕ 林间小路

中国生态文化系列
惠安

● 直上云天的三百四拾二坎游步道

森林步道

岩石景观 ───○

　　科山森林公园是由花岗岩基质构成的丘陵台地地貌，属闽中戴云山余脉，新生代初期，华夏沿海因地壳运动，地面下降，火成岩入侵，使岩石拔地而起，形成巨石峰峦；由于亚热带气候作用，植被又反复受到人为破坏，水土流失严重，所以现在到处是裸岩石蛋，惠安石雕盛名于世，与花岗岩资源极多有很大关系。岩石裸露，石蛋群聚，形成一道道岩石景观，似鬼斧神工，令人浮想联翩。

◎ 红帆出海

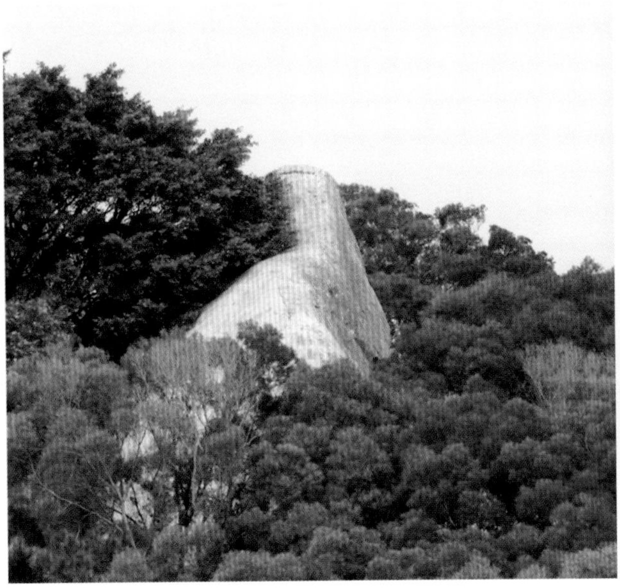

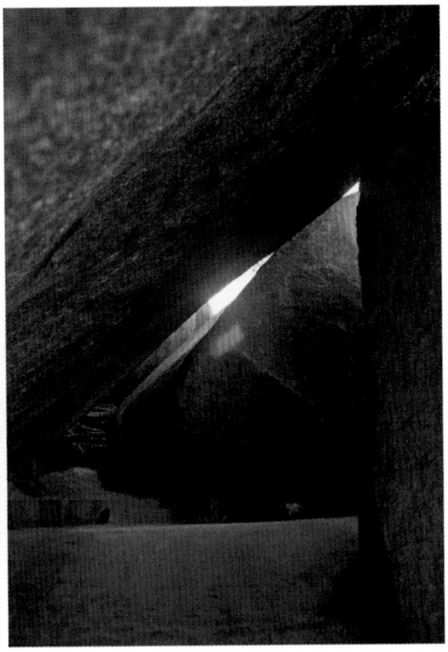

↑恐龙探幽

↑一线天

↓绿海扬帆

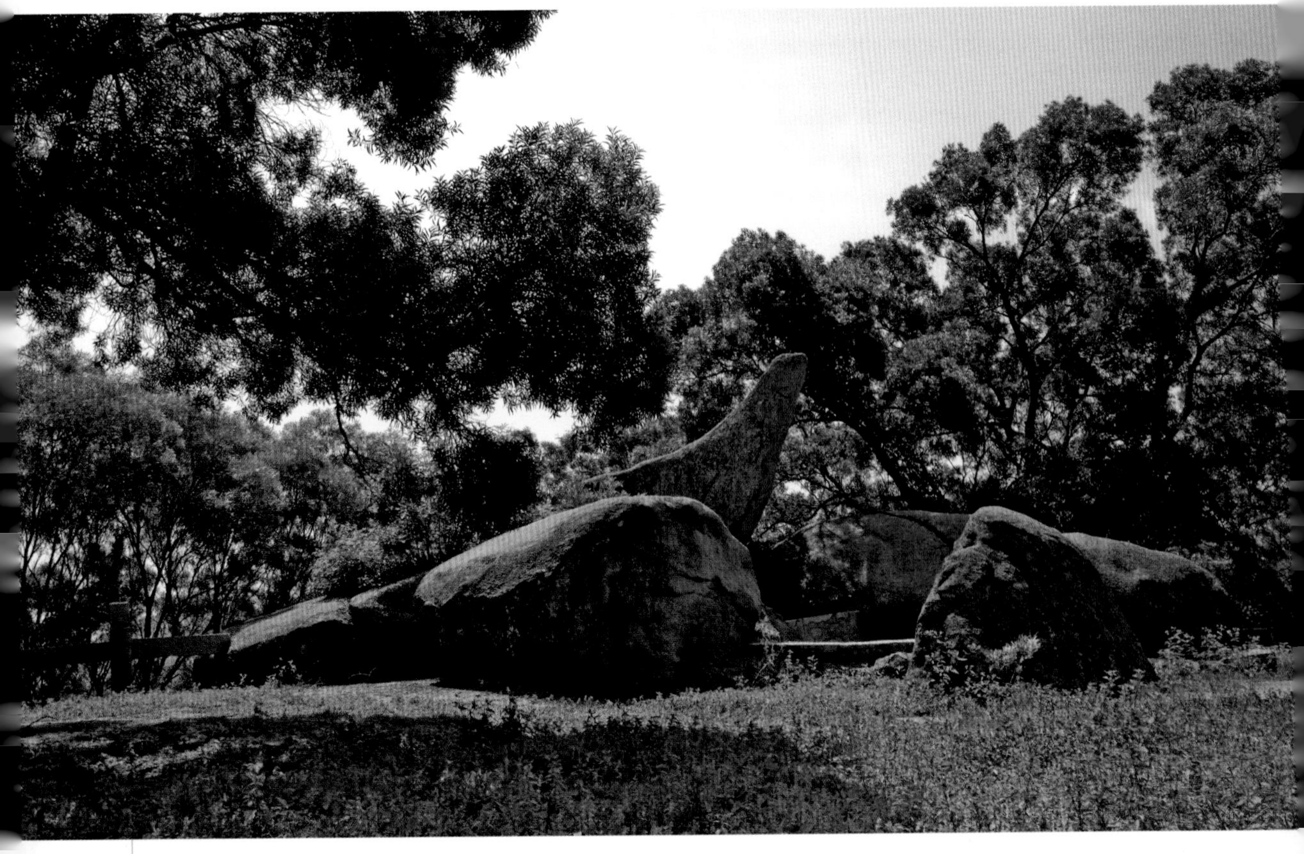

⬆ 玉兔揽食

⬆ 造化之手

◉ 企鹅探奇

◯── 水体景观

　　天潭广场边红卫水库乃天然放生池，碧波粼粼，游鱼出波。水边建有钓鱼之家。魁星岛伸入水库之中，岛上有传统之魁星塑像，形神兼备。岛上还有圆桌石凳，供人小憩；名花异卉，供人观赏。

🌑 如在濠上

碧绿的群山环抱着七一水库，水库旁有惠泉人工瀑布，甚为壮观。库区水波荡漾，之中矗立着龙柱、亭阁。库岸绿柳成荫，掩映着七一山庄。遥望山顶雄伟的莲花宝塔，高耸云天，令人目光发眩。库区上空飞翔着鸟儿，库岸边舞动着多姿多彩的飞蝶和蜻蜓，使人眼花缭乱。于山庄品茗叙情，于夕阳余晖中垂钓游水，更有一番乐趣。

中国
生态文化系列

◉ 天光云影共徘徊（七一水库）

● 青山孕水

● 七一水库

春水润玉

如画江山看不厌

科山寺胜迹

科山原名登高山，因宋代卢瞻曾结庐读书其上，后中举登科而名登科山，简称科山。科山寺，位于森林公园东侧的科山顶峰。始建于北宋1086～1093年间，后废。至明朝1450～1456年间又重建，建筑面积700多平方米。1978年以来，不断进行修复、重修，范围扩展到15000多平方米，寺内的园艺、景点更为壮观，面貌焕然一新。1981年，科山寺弘雄法师恢复了科山寺"科山书院"名号；并编纂"科山书院丛书"收藏和刊印古今乡贤的文学著作。1994年，惠籍旅新侨胞杨松年先生捐献巨资，又新建双檐歇山式大雄宝殿和三檐亭阁的大悲殿，巍峨壮观。2004年以来，释戒一法师主持科山寺，发动海内外大德信众，建天王殿、藏经阁、五观堂、僧尼楼舍、放生池、山门、围墙等。寺宇规模更加恢弘壮观。科山寺于1984年公布为第一批县级文物保护单位。2002年，惠安县委、县政府以惠委(2002)102号文将其命名为"爱国主义和国防教育基地"。

● 科山寺

科山曾是众多名士读书之地。南宋嘉熙年间，县令郑清子曾建"登科书院"于此处。科山寺是一座历史悠久，儒、释、道三家合一，有中国特色的宗教圣地、千年古刹，至今尚留有自宋朝至民国期间的历代摩崖石刻20多处。多数集中在寺前层岩上，寺中有清朝画家林渊、黄朝栋撰写的石刻柱联多副和当代著名书法家虞愚和梁披云题写的"科山寺"、"圆通殿"、"大雄宝殿"匾额，近代高僧弘一法师在抗日战争期间，曾三次来寺讲经说法并题写"慧水胜境"于寺内。"报德祠"尚有明朝名宦、著名地方史学家何侨远撰写的长篇碑记，均为书法、文章佳作。

科山寺具有悠久的、文明的历史，游客们一登上山巅，看这琳琅满目的碑刻和那年代悠久的古刹、山径……仿如步入"云路"，置身"春台"，而足蹑"青云"，手扶"红日"，满目烟霞，似欲挥长风而直上，其气势何等磅礴。

☉科山寺山门

摩崖石刻

　　科山有"登科山"刻于悬崖壁上，"春台"二字刻于寺庭大石上，均为宋代郑清子书。"春台"之上"云路"二字，笔划古硬，系蔡襄所书。还有"刘侯瑞麦"、"山高水长"、"最高峰"等石刻。一片瓦寺石刻有"一片瓦"、"呼吸帝座"、"厚德载福"等。平山寺石刻有"佛"、"缘"等。

◉ 寿（平山寺）	◉ 山高水长（科山寺）
◉ 春台（科山寺）	◉ 刘侯瑞麦（科山寺）

⊕ 登科山（科山寺）　　　　　　　　　　⊕ 佛（平山寺）

⊕ 厚德载福

⊕ 洞天福地（一片瓦寺）

⊙ 佛光普照

⊙ 呼吸帝座

⊙ 戴卓峰摩崖题刻

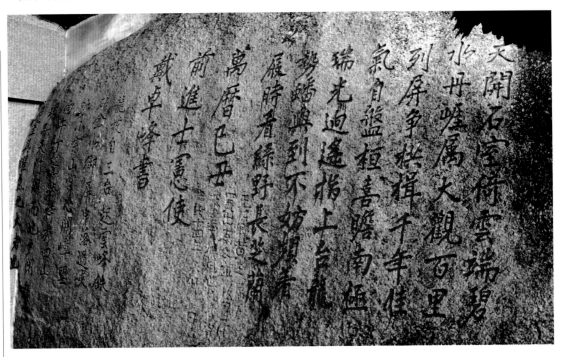

平山寺胜迹 ───○

　　平山寺始建于后梁贞明二年，名乾峰寺，位于螺城镇东平山小平顶，今遗留有元统乙亥年所建大小石塔两座。明末按察使刘望海之孙刘宁重建，因此山原名东平山，故改称为平山寺。平山景色优美，寺早已盛名，明末名士刘若和崇贞16年县令赵玉成曾于此出家。该寺和尚晴辉南渡星州，筹资200万，重建新寺。寺庙规模雄伟壮观，为目前全国寺观之冠。由前而后有山门、天王殿、大雄宝殿、观音殿；两厢有钟鼓楼、尊客堂、伽兰殿、祖师厅、监斋殿、香积堂、报恩堂等，寺前有莲花池、塔碑、门埕。山门有赵朴初先生之题匾"平山寺"和对联。佛像为寿山石雕或玉雕，寺四周有附属建筑休息亭、朝晖夕照亭，山间有隧廊通道、临崖半边亭以及济公、弥勒造像，还有龟、雄狮、大象等动物造像。

◉ 青山蕴玉（平山寺）

◉ 蟾蜍听经

◉ 佛境

⑱ 大象造像

⑰ 绿岚笼塔

一片瓦寺

　　一片瓦寺位于森林公园西侧，距县城中心2500米处的一片瓦山顶，因巨石覆盖如瓦而称之。明嘉靖年间广东按蔡司副使戴卓峰辞官归隐于此，称片瓦石室，后人以此天然洞室为寺宇。覆石方圆600多平方米，主洞室奉东岳大帝，洞右侧偏洞

● 瓦寺听松

一片瓦寺山门

流连忘返

供奉观音菩萨。大洞中有戴卓峰摩崖题刻，覆石下另有小洞辟为九仙祠。外面建砖石山门，清代又增建文昌祠。昔时一片瓦寺是"疏松影落斜云静，细草香开山洞幽"，为文人居士进行创作的优雅之处。

⊕ 戴卓锋墓/古雕刻群

china huian

莲峰寺

莲峰寺位于森林公园莲花山上，因峰巅上原有一块圆形侧旁还绽出一叶斜插着，宛似一朵含苞欲放的莲花巨石而称之，亦称莲花寺。现在的莲峰寺是2007年底新建落成的，雕梁画栋，金碧辉煌，堪称宏伟壮观。主要建筑物有：九仙宝殿、观音殿、莲花童子殿、综合楼等。玉帝殿正在筹建中。莲峰寺尊奉玉皇大帝、九位真人和观音菩萨，香火旺盛。

莲峰寺对面不远处还有一座布满着花岗石的小山，半山腰有块岩石，状如一只蹲伏的三脚蟾蜍。小山旁有座小桥，桥下小溪春夏秋冬流水不断。民间传说，石莲花在石蟾蜍每天清晨含取泉水的浇灌下，竟然会开放叶瓣，香气能飘散千万里。

◎夕阳彤彤映莲花

中
国
生
态
文
化
系
列

惠
安

◑ 莲峰寺

莲峰寺

● 莲峰寺

魁星庙

　　魁星庙位于天潭广场内，供奉魁星像和青山公以及观音大士像，三宫并列，儒、释、道三教并存。其中魁星像别具一格，浮雕在青石平面上，石高90厘米，宽68厘米，厚18厘米。堪称惠安石雕魁宝，对研究惠安艺术和历史民俗，有一定价值。

⬇ 龙凤呈祥科山魂的浮雕墙

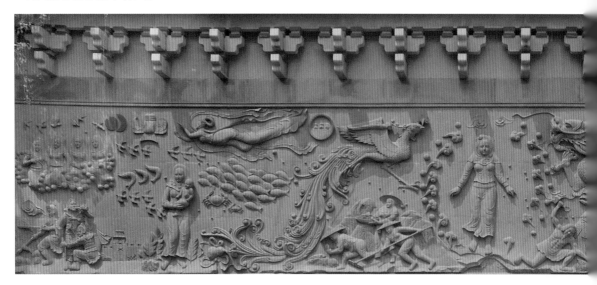

⬇ 天潭广场上的十二生肖石雕像

岚岫广场、天潭广场 ──○

进入森林公园中大门，是岚岫广场，广场中有科山魂的浮雕墙、龙凤呈祥图以及科山流泉诗石刻。沿水泥路蜿蜒而上即到天潭广场，该广场环绕红卫水库，建有钓鱼之家、魁星岛以及浮雕"惠安石雕，中华一绝"。

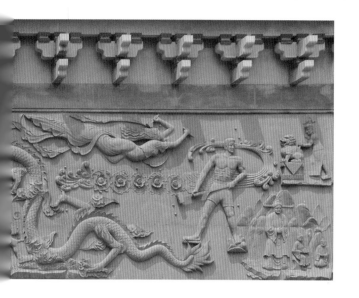

◉ 牧归（岚岫广场蜿蜒而上到天潭广场的水泥路）

石雕名苑广场

　　惠安石雕，内涵丰富，源远流长，据文物和史料考证，她可追溯到距今三四千年前的闽南新石器时代。至五代十国、大唐盛世，工艺愈选愈精湛。新中国成立更为惠安石雕的飞速发展开辟了广阔天地，其技艺达到了炉火纯青的境界。名苑广场力图以"知微见著"的形式，展示惠安石雕精彩纷呈诸多层面，成为惠安石雕艺术珍品的"博物馆"。石雕巨者威武雄壮，顶天立地，细者纤巧玲珑，高塔宝殿、佛道神仙、飞禽走兽、人物花草，包罗万象，无奇不有，令人见物见情，叹为观止。她是以勤劳著称的惠安人与大自然抗争中形成发展的历史积淀，也是惠安人的眼慧、心灵、手巧创造出来的人间奇迹。

⊕ 石雕艺术博览园（石雕名苑广场）

石雕名苑广场

百狮园

　　石狮是惠安工匠最重要的传统工艺品，百狮园以石雕百狮为主体，飞天九龙壁雕为衬托，形成一个集全国狮雕之大成的园艺景区。百狮园主要雕塑由入口题壁、狮王图腾柱、飞天九龙壁、祖狮、狮王、中国百狮雕塑组成。中国百狮雕塑共搜集全国各地有代表性的石狮103座复制之，错落有致地分布于山上，形态各异，尤为壮观。整个景区以山下腾飞的九龙为壁饰，与山上千姿百态的石狮呼应形成"百狮舞龙"的恢弘场景，充分展示了惠安的石雕文化和中国的狮、龙文化。

◉ 百狮群英会

⊙ 百狮争雄

⊙ 天狮王

百狮园

◎ 林中百狮　　◎ 游百狮园

◎ 百狮园

惠女广场

　　惠女广场总占地面积22000平方米，由集会广场、惠安女雕塑广场和休闲节日炮竹广场组成。集会广场面积近10000平方米，中心竖立着30米的飞碟形高杆灯，夜间高杆灯下的集会广场犹如白昼，来广场健身、休闲的人络绎不绝，热闹非凡。集会广场可供12000人集会使用。集会广场的北侧斗拱柱形花架廊，为圆形无顶

◑ 坐碰碰车

花架式廊，爬满藤蔓植物。惠安女雕像广场位于集会广场东南侧，面积3200平方米，中心圆环置惠安女雕像，雕像平均高3米。休闲、节日炮竹广场，面积10000平方米，西侧有花架亭一个，花架亭上长满了大花紫薇。一到花季，花架亭上姹紫嫣红，美不胜收。

⊕ 天然氧吧（惠女广场）

⊕ 玩转电动马车

⊙ 放风筝

⊕ 晨练（惠女广场）

布达拉山门

　　山门位于惠女广场西，旁有藏式建筑红官亭，山上三块巨石酷似西藏布达拉宫的左右白宫、中间红宫之势，下有"小洞天"的景观，故名。

布达拉山门

古民居 ———○

　　古民居位于惠女广场西侧，距今百余年，保存惠安古厝结构精华，红砖碧瓦，屋顶飞檐，厅堂圆柱木雕，镌刻人物、花、鸟图像。大门雕刻对联"辋水长流千派，德星常聚一门"。

●古民居

古民居

古民居

◉古亭

卢子读书处

　　科山曾是读书地，宋代卢瞻、元代卢琦先后结庐科山读书，都登进士。宋代郑清子、明代刘宏道建"科山书院"，树"卢子读书处"碑刻一座，以励后学。

● 金声玉振今犹在

❶ 春台拥翠

革命烈士纪念碑

革命烈士纪念碑坐落于科山西北侧，惠安县人民政府把原葬在城关东门外马山和西门外螺山一带的烈士墓迁葬于此。碑高30.3米，长49米，以旗帜形体为碑型，由五星枪头组成主体，体现了"火种不灭，红旗不倒"的革命精神，整座纪念碑庄严肃穆，雄伟壮观。纪念碑前有近万平方米的集会广场，是人们悼念烈士的场所。每年"清明"节前后，这里挤满了前来缅怀先烈的人群。集会广场两侧是四季常青的塔柏方阵，为纪念碑再添几分肃穆，意味着革命烈士万古长青。

◐气壮山河（科山烈士园）

治山治水纪念碑

　　1960年，为纪念新中国建立后的惠安县人民在中国共产党领导下，奋战10年，治山治水取的巨大成就，在科山东侧建设治山治水纪念碑。纪念碑占地2000多平方米，为碑亭建筑，亭高7米。亭前左右各立一方高5米，宽7米的对称石雕碑屏，左屏刻有："十年水利建设分布图"及"乌潭水库"渠道图，右屏刻有"十年林业水土保持分布图"和"水土保持"及"大丰收"图景。纪念碑所有石块，都由惠安巧匠细工水磨，为光可鉴影的精品。

◉ 治山治水纪念碑

治山治水纪念碑

◎ 石雕碑屏上的
  "水土保持"
  及"大丰收"
  图景

◎ 飞天九龙壁雕

治山治水纪念碑

◉ 碑塔联辉

◎ 惠女精神

莲花塔

　　莲花塔为惠安崇武企业家蒋为群先生所捐建。莲花塔共7层，高47.8米。登塔顶，白云青山，千里风光尽收眼底。俯瞰螺城，饱览科山胜景。近看七一山庄水波荡漾，青林翠岩，蜿蜒明秀。远眺辋水烟波，晨昏吞吐。晴天，层峦叠嶂，瑰丽多姿；阴雨，云纱缭绕，意态妩媚。夜晚俯瞰则万家灯火，千树银花，令人心旷神怡。不论是远处还是近处眺望莲花塔夜景，灯火辉煌，独树一帜，又是螺城一道亮丽的风景线。

🅞 王汉斌、彭珮云视察科山森林公园

朝阳映塔

● 山籁水声烟霞塔

● 科山森林公园主峰（莲花山）

◎ 擎世唤觉（莲花塔）

● 日出东方（早晨在科山上可以观日出）